U0166890

大科学家讲小科普

鸟是恐龙的后裔吗

匡廷云 黄春辉 高 颖 郭红卫 张顺燕 主编
吕忠平 绘

吉林科学技术出版社

图书在版编目（CIP）数据

鸟是恐龙的后裔吗 / 匡廷云等主编. — 长春：吉林科学技术出版社,2021.3
（大科学家讲小科普）
ISBN 978-7-5578-5154-5

Ⅰ. ①鸟… Ⅱ. ①匡… Ⅲ. ①鸟类－青少年读物 Ⅳ. ①Q959.7-49

中国版本图书馆CIP数据核字(2018)第231230号

大科学家讲小科普 鸟是恐龙的后裔吗

DA KEXUEJIA JIANG XIAO KEPU NIAO SHI KONGLONG DE HOUYI MA

主　　编　匡廷云　黄春辉　高　颖　郭红卫　张顺燕
绘　　者　吕忠平
出 版 人　宛　霞
责任编辑　端金香　李思言
助理编辑　刘凌含　郑宏宇
制　　版　长春美印图文设计有限公司
封面设计　长春美印图文设计有限公司
幅面尺寸　210 mm × 280 mm
开　　本　16
字　　数　100千字
印　　张　5
印　　数　1–6 000册
版　　次　2022年11月第1版
印　　次　2022年11月第1次印刷

出　　版　吉林科学技术出版社
发　　行　吉林科学技术出版社
地　　址　长春市福祉大路5788号出版集团A座
邮　　编　130118
发行部电话/传真　0431-81629529　81629530　81629531
81629532　81629533　81629534
储运部电话　0431-86059116
编辑部电话　0431-81629516
印　　刷　吉广控股有限公司

书　　号　ISBN 978-7-5578-5154-5
定　　价　68.00元
如有印装质量问题　可寄出版社调换

序

本系列图书的编撰基于“学习源于好奇心”的科普理念。孩子学习的兴趣需要培养和引导，书中采用的语言是启发式的、引导式的，读后使孩子豁然开朗。图文并茂是孩子学习科学知识较有效的形式。新颖的问题能极大地调动孩子阅读、思考的兴趣。兼顾科学理论的同时，本书还注重观察与动手动脑，这和常规灌输式的教学方法是完全不同的。观赏生动有趣的精细插画，犹如让孩子亲临大自然；利用剖面、透视等绘画技巧，能让孩子领略万物的精巧神奇；仔细观察平时无法看到的物体内部结构，能够激发孩子继续探索的兴趣。

“授之以鱼不如授之以渔”，在向孩子传授知识的同时，还要教会他们探索的方法，培养他们独立思考的能力，这才是完美的教学方式。每一个新问题的答案都可能是孩子成长之路上一艘通往梦想的帆船，愿孩子在平时的生活中发现科学的伟大与魅力，在知识的广阔天地里自由翱翔！愿有趣的知识、科学的智慧伴随孩子健康、快乐地成长！

前言

植物如何利用阳光制造养分？鱼会放屁吗？有能向前走的螃蟹吗？什么动物会发出枪响似的声音？什么植物会吃昆虫？哪种植物的叶子能托起一个人？核反应堆内部发生了什么？为什么宇航员在进行太空飞行前不能吃豆子？细胞长什么样？孩子总会向我们提出令人意想不到的问题。他们对新事物抱有强烈的好奇心，善于寻找有趣的问题并思考答案。他们拥有不同的观点，互相碰撞，对各种假说进行推论。科学家培根曾经说过“好奇心是孩子智慧的嫩芽”，孩子对世界的认识是从好奇开始的，强烈的好奇心会激发孩子的求知欲，对创造性思维与想象力的形成具有十分重要的意义。“大科学家讲小科普”系列的可贵之处在于，它把看似简单的科学问题以轻松幽默的方式深度阐释，既颠覆了传统的说教式教育，又轻而易举地触发了孩子的求知欲望。

本套丛书以多元且全新的科学主题、贴近生活的语言表达方式、实用的手绘插图让孩子感受科学的魅力，全面激发想象力。每册图书都会充分激发他们的好奇心和探索欲，鼓励孩子动手探索、亲身体验，让孩子不但知道“是什么”，而且还知道“为什么”，以非常具有吸引力的内容捕获孩子的内心，并激发孩子探求科学知识的热情。

目 录

目 录

第 1 节 鸟类与恐龙有什么关系

“鸟”“龙”不相及

鸟类是恐龙的后裔吗？

“看看我这块头，有山那么大！再看看它们！”恐龙说，“我可没有这么娇小的后代！”

“嗷呜！”霸王龙干脆一声怒吼，把它的“后裔”们吓得双翅乱颤。三十六计，走为上！

恐龙和鸟，能有什么相似之处？

传说恐龙就是因为陨石撞击地球才灭绝的。
过于巨大的撞击会造成大规模的生物灭绝。
扫码领取
科学实验室
科学小知识
科学展示圈
每日阅读打卡

▶ 千差万别的鸟

我们知道鸟类的品种很多：从只有手指头大小的蜂鸟，到翼展长达 2.3 米的军舰鸟；从速度达 170 千米 / 时的雨燕，到每小时只能飞 8 千米的小丘鹬；从能与战斗机竞高的黑白兀鹫，到匍匐在地的企鹅“老兄”……它们或许有一位共同的祖先。这位共同的祖先，我们称之为“始祖鸟”，生活于侏罗纪晚期。

军舰鸟
小丘鹬
翅膀上的小钩，是始祖鸟保持爬行动物特征的表现之一。
翅膀上长有小钩？那也太酷了！
始祖鸟
蜂鸟
我也想要一双大翅膀！
黑白兀鹫
企鹅

▶ 始祖鸟是恐龙的一种

始祖鸟和现代的鸟类不同，它是爬行动物逐渐进化为鸟类的典型代表：前肢逐渐进化为翅膀，但颅骨却保持着爬行动物的特征。在骨骼结构上，始祖鸟和虚骨龙十分相似。

并非所有恐龙都像山一样高大，恐龙中既有雷龙这样巨大的，也有始祖鸟这般小巧玲珑的。在漫长的中生代里，它们各施所能，在残酷的生存竞争中奋力生存下来。

迄今为止的研究表明，鸟类与恐龙存在千丝万缕的联系，它们很可能是恐龙的后裔。

这么说起来，鸟类还真和恐龙有点儿关系！
大恐龙有大恐龙的难处，小恐龙有小恐龙的困境。

▶ 更早的天空征服者

始祖鸟并不是地球上最早的天空征服者，在比侏罗纪更早的三叠纪，翼龙便已在天空中自由地展翅翱翔。翼龙多数体形庞大，它们中的一部分，体形有一架 F–16 战斗机那么大，是十分强悍的肉食动物。

如果人类也会飞就好了！

比起始祖鸟来，翼龙更像是天空中的明星。但是命运无常，强大的翼龙没能生生不息地繁衍到我们这个时代；鸟类却战胜了重重劫难，不断进化，繁荣兴盛。

翼龙化石在经过了数千万年的沉眠之后，于 1784 年第一次被人类发现。

翼龙的翅膀与现代鸟类不同，它们没有羽毛，而是依靠翼膜来从空气中获得动力，有点儿像蝙蝠。在身体结构上，尽管它们的前肢已高度退化，但仍然属于爬行动物。

灾难与幸存
6500 万年前，一颗巨大的小行星落在地球上，引起大爆炸。瞬间，热气向高空喷射，冲击波摧毁了大片森林，海啸、地震、火山爆发等灾难接踵而至。地球的表面覆盖上了厚厚的灰尘，终年不见阳光。
好可怕！
陨石撞击说是中生代生物灭绝的几种假说之一。目前看来，是比较有说服力的一种。
一颗陨石竟然有这么大的威力！
绝大多数生物，包括恐龙在内，在这场空前的灾难中灭亡了。只有极少数小型的生物幸运地生存了下来。鸟类的祖先，与我们哺乳动物的祖先一样，是幸存者之一。

第2节 空中艺术家

▶ 爱玩游戏的云雀

当一架战斗机遭遇导弹追踪时，那些技术娴熟，又足够勇敢的飞行员会突然关闭发动机，让战斗机从高空中自由下落，直到摆脱导弹的热敏追踪才重新启动。

因为有一些导弹是靠追踪发动机散发出的热量来瞄准目标的，具体要看是什么样的导弹了！

为什么关闭发动机导弹就追踪不到了？

云雀能够在高空中突然合拢双翅，向地面俯冲，划出一道美妙的曲线。别担心，当它快要落到地面上时，会拍动翅膀，稳稳地飞起来。

扫码领取
科学实验室
科学小知识
科学展示圈
每日阅读打卡

好像在玩跳楼机！

云雀一眨眼就能飞上云端，因此得名。

云雀喜欢重复这个游戏：飞到高空，掉下来，再飞到高空，再掉下来……它们通过这种方式吸引异性，同时向同类宣示自己的地盘。

▶ 倒飞

蜂鸟生活在美洲大陆上。鸟如其名，最小的只有蜜蜂那么大，是世界上最小的鸟，连拍动翅膀的声音都跟蜜蜂很像。它长得很漂亮，绿色的羽毛，淡紫色的翅膀……真是一个漂亮的小精灵。

别看它小，蜂鸟迁徙时能飞 5 000 多千米远呢！
幸好它这么小，要不然会把地球上的氧气全部吸光吧！
倒飞
我也会倒立！
侧飞

蜂鸟有一种特别的本事，它能够自由地控制飞行的方向。个头小小的它，有着惊人的运动能力，有的蜂鸟甚至能每秒钟拍动 80 次翅膀，飞行速度就和职业运动员刚投出去的棒球一样快。它每分钟要呼吸 500 次，心脏跳动 500~1 000 次。

▶ 滑翔勇士

风筝飞得越高，就越不容易掉下来。因为越高的地方，气流的力量就越大。天空对于鸟类，就犹如大海对于水手。鸟类对气流了如指掌，就和水手对波浪驾轻就熟一样。

我穿上披风的话，是不是也可以滑翔了！

在埃塞俄比亚的瑟门山上，5 000米高空中盘旋着一种名为胡兀鹫的猛禽，它是特级飞行大师。胡兀鹫每天能飞行数百千米，在这片广袤的天地里搜寻着猎物。胡兀鹫知道瑟门山的悬崖峭壁能带来巨大的上升气流，它巧妙地借助这种力量，小心翼翼地避开危险的乱流。

为什么悬崖边会有上升的气流？
空气撞到山崖，没地方去，自然只能往上升了！

“俯冲轰炸机”

与云雀自由落体式的俯冲不同，南非鲣鸟冲向海面时会不断加速，将速度提升到每小时将近100千米，相当于一辆在高速公路上疾驰的汽车。为了承受住入水时的巨大冲击，它的头颈部结构很特殊：脖子粗，头骨坚硬。

鱼儿们游得深一点儿，就不会有事了！
红脚鲣鸟
蓝脚鲣鸟
不同的鱼适应水的深度是不同的。而且，深水里也有其他的猎食者！
这鸟会“铁头功”吧！

“轻功水上漂”

拥有轻功是侠客迷们的终生梦想，其最高境界是“轻功水上漂”。这里让我们请出一位已臻化境的“轻功大师”——克拉克水鸟。

一些鸟类真是可爱的小精灵！
哇，太厉害了！

它们的翅膀弓着，一动不动，看上去似乎跟这种功夫没半点儿关系。但实际上，正是翅膀从空气中获得的上浮力量，使它们能够在水面上奔跑，这其实是一种超低空滑翔技巧。

好迷人的舞蹈啊！

▶ 保持队形

鸟类在迁徙的路上，展现出了比它们那些仍在地面上爬行的远亲更高的智商：它们懂得排出特定的队形，以便在飞行中保存体力、照顾成员。

鸟类迁徙是一个漫长而又危险的旅程，有些飞越沙漠和海洋的迁徙鸟类，由于途中无法获取食物，必须不停歇地完成整个迁徙。
它们真是太聪明了！
原来排队是为了省力气呀！

“人”字形和“一”字形是两种常见的队形。排在最前面的鸟的翅膀在空中扇动时，能够产生一股微弱的上升气流，帮助后面的同伴节省力气。同时，严谨的队形也使成员之间保持更为密切的联系，不易掉队。队伍最前端的领飞者往往需要耗费较多的体力，因此在迁徙过程中，需要不停轮换。

比高铁还快

从爬行动物进化为空中舞者，鸟类获得了无与伦比的速度优势。

陆地上跑得最快的动物要数猎豹了。如果让人类中最优秀的百米选手与猎豹进行百米赛跑的话，猎豹可以领先他 60 米之多。

空气中阻力小，
速度自然就快！
170 千米 / 时
120 千米 / 时
人类是最慢的吗？
400 千米 / 时

不，人类比蜗牛快一些！
130 千米 / 时

80 千米 / 时

猎豹的速度可达到 120 千米 / 时，而鸟类要达到这个速度并不是什么难事。尖尾雨燕平常的速度便可达到 170 千米 / 时，最快速度甚至能达到 350 千米 / 时。皇家鹰的速度是 130 千米 / 时。游隼平常以 80 千米 / 时左右的速度飞行，俯冲时可瞬间加速到 320 千米 / 时。军舰鸟的最高速度可以突破 400 千米 / 时，比高铁还快。

当然了！高速运行时，很小的质量也能产生巨大的动能！

▶誓比天高的鸟类

鸟类能够飞到我们曾经难以想象的高度。在赫布里底群岛的上空，一位飞行员曾目睹黑天鹅飞达超过 9 000 米的高度。斑头雁迁徙时，时常跨越喜马拉雅山脉。红嘴山鸦先于人类登上珠峰的峰顶。

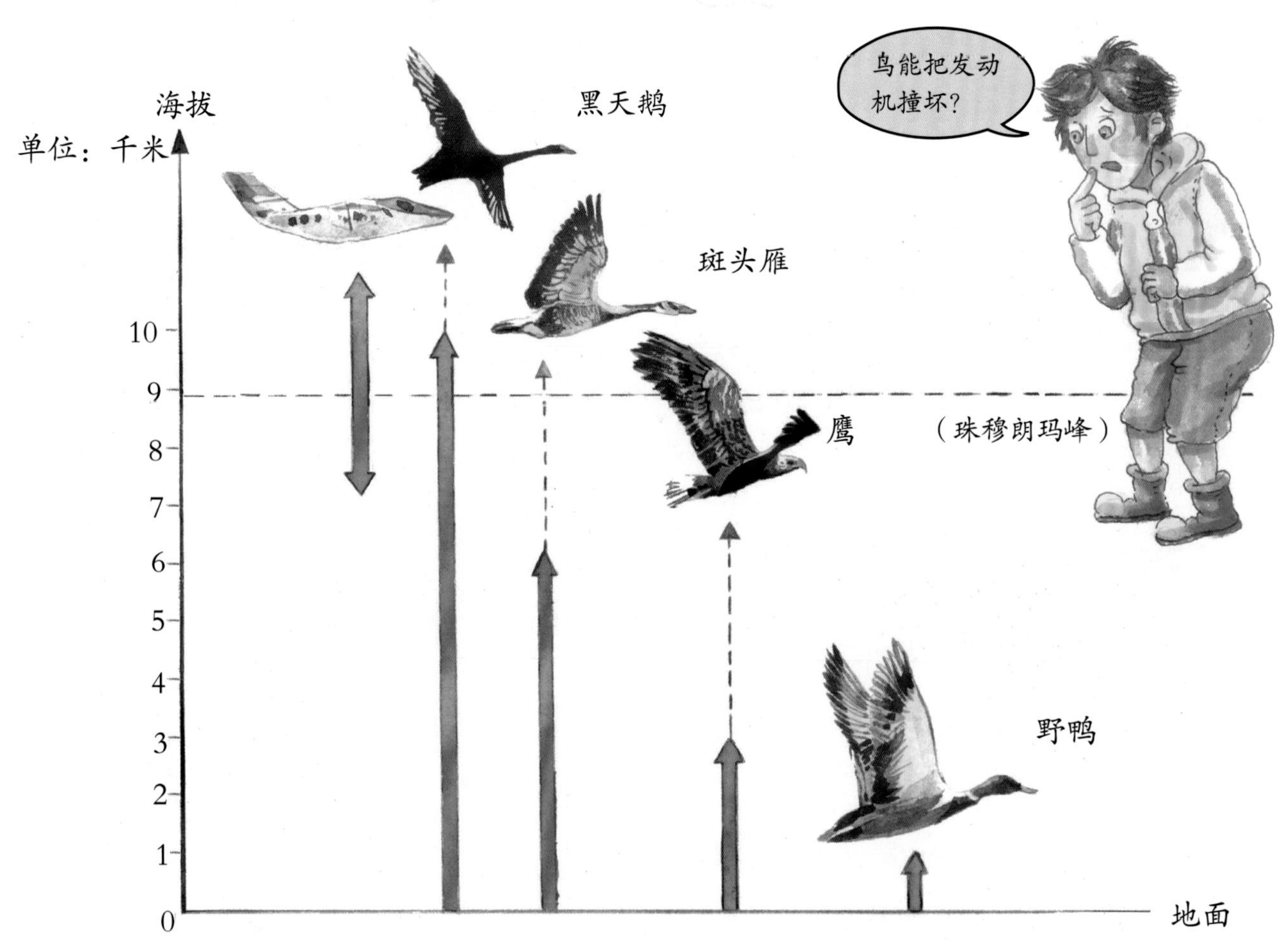
海拔
单位：千米
黑天鹅
斑头雁
鹰
（珠穆朗玛峰）
野鸭
地面
0
1
2
3
4
5
6
7
8
9
10
鸟能把发动机撞坏？

黑白兀鹫创下过 11237 米的飞行高度纪录。在科特迪瓦的上空，它撞毁了一架飞机的发动机，使飞机不得不紧急迫降。在 20 世纪中叶，10 000 米的高度甚至是防空导弹的盲区。

马拉松高手

猎豹以极限速度奔跑，只能保持数分钟，然后必须停下来休息，否则会因为体温过高而死亡。鸟类却能够以极高的速度持续飞行，其耐力令我们震惊。

在人类中，能够跑完42.195千米的马拉松的人很少，人类最顶尖的选手跑完这个距离大约要花2小时。而对鸟类而言，40千米只是一段短距离的旅行。

00025
男子组

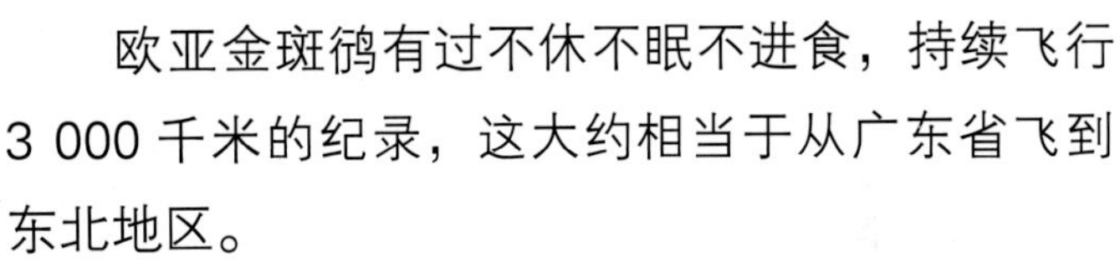
欧亚金斑鸻有过不休不眠不进食，持续飞行3 000千米的纪录，这大约相当于从广东省飞到东北地区。

竟然能飞这么远！

一只携带着追踪器的斑尾塍鹬完成了一段惊人的旅行。3月17日至25日，它从新西兰跨越太平洋，飞到中国东北地区。5月1日至6日，它又从中国东北地区越过茫茫大海，飞抵美国阿拉斯加。8月30日至9月7日，它从美国阿拉斯加返回新西兰，仅用了8.2天时间，其间不休不眠，连续飞行了11 578千米！

第3节 绝对鹰眼

▶ "大眼萌"

提到大眼睛的动物,你会想起猫、浣熊、眼镜猴……其实,鸟类才是真正的"大眼萌"。鸟类的眼睛和头骨的比例,在脊椎动物中是最大的。通常,鸟类两个眼球的质量会超过它们脑的质量。

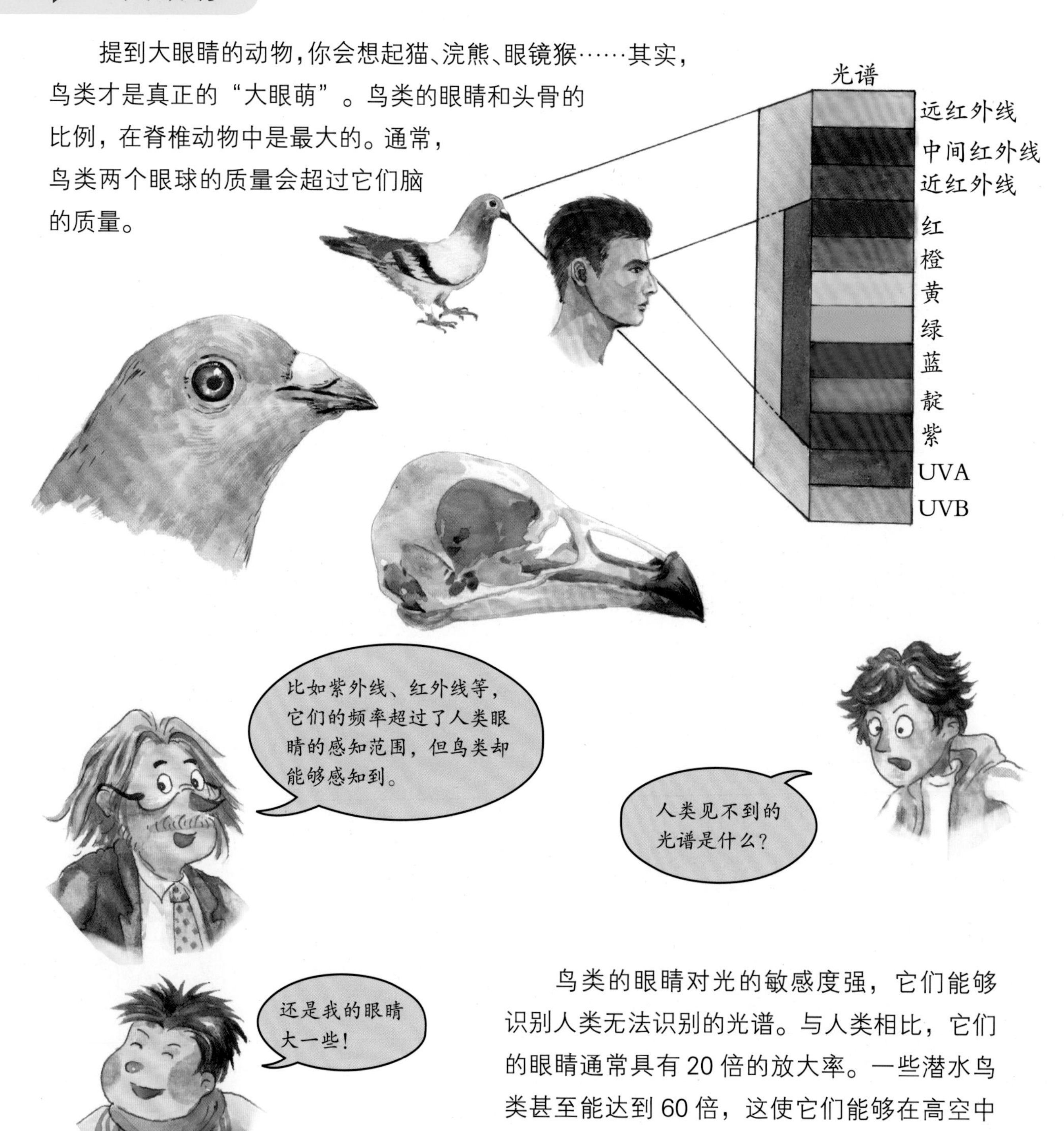

光谱
远红外线
中间红外线
近红外线
红
橙
黄
绿
蓝
靛
紫
UVA
UVB
人类见不到的光谱是什么?
比如紫外线、红外线等,它们的频率超过了人类眼睛的感知范围,但鸟类却能够感知到。
还是我的眼睛大一些!

鸟类的眼睛对光的敏感度强,它们能够识别人类无法识别的光谱。与人类相比,它们的眼睛通常具有20倍的放大率。一些潜水鸟类甚至能达到60倍,这使它们能够在高空中精确地辨识地面上的细小猎物。

广角视野

人类的双眼均长在前方，极限视觉范围是 180°，而鸟类却由于眼睛分布于两侧的优势，可以轻易突破 300° 的视觉范围。这就相当于一部广角的照相机，能够进行全景摄影。

人类
鸟类
扫码领取
科学实验室
科学小知识
科学展示圈
每日阅读打卡
我的眼睛也分得很开！
鱼儿在水里，也需要眼观六路吧！
所以鱼儿的眼睛也是长在头部的两侧啊！

视野对比图

想象一下有人站在你侧后方，你不必转头、不借助镜子就能够看得见他的情形，是不是棒极了。

鸟类拥有更广阔的视野，是它们适应空中生活的结果。它们需要关注很多的信息，必须随时随地“眼观六路”，没有一双广角的眼睛，靠转头来观望的话，能把脖子都扭断。

▶ 立体视觉

眼睛分布于两侧虽然有视觉范围大的好处，但也有困扰。那就是两只眼睛各自为政，很少将焦点放在同一物体上。这意味着它们很难有立体视觉，在距离的测算上会碰到一些麻烦。

立体视觉是什么？
简单地说，就是两只眼睛同时看一个物体，这样才能够准确地测量出物体和自己之间的距离。

游隼在夜空中精确地扑住曲线飞行的蝙蝠；啄木鸟穿行在茂密的树林里，却很少一头撞在树上；当鸟儿们准备落到枝头上时，命中率总是100%。

肉食类猛禽的双眼通常总是靠前一点，相互挤得更近。这是因为猎食过程中，它们需要精确地计算距离，需要双眼视觉。而小型的鸟类，往往双眼分得开一些，因为它们更需要广阔的视野，以避开危险。当它们需要精确估算距离时，只需倾侧头部，即可实现立体视野。

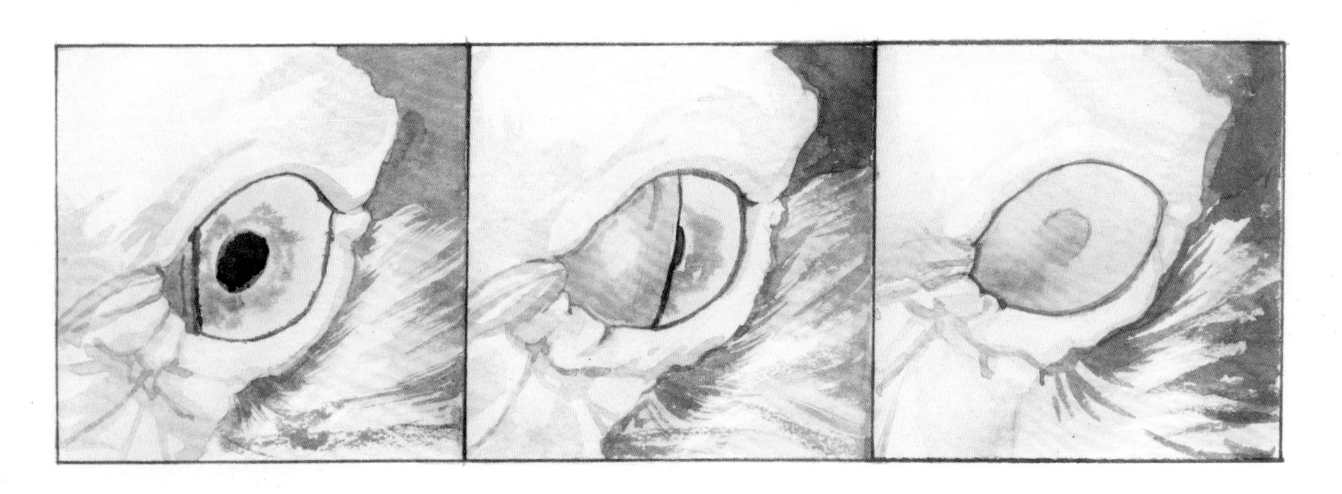

▶ 隐形眼镜

试试迎着风快速奔跑，是不是眼睛发痛，被吹得睁不开了？难道鸟儿们不会感到气流刺眼吗？事实是它们都戴着“隐形眼镜”，这副“眼镜”保护着它们的眼睛不被灰尘和气流伤害，即使是在高速飞行中，也能保持睁开双眼。这副“眼镜”，生物学上称之为“瞬膜”。

我也想要这样的“眼镜”。
瞬膜是半透明的保护膜，类似于眼皮，它能够遮住角膜，湿润眼球。鸟儿在高速飞行时，瞬膜完全将眼睛覆盖、保护起来，真的就像是戴上了一副眼镜，使它们可以毫无压力地适应高空中复杂的空气环境。

▶ 超高的像素

我们时常用“鹰眼”来形容超凡的视力。的确，鹰的视力令人羡慕，它们就像有千里眼一样，总是能够在高空中轻易发现躲藏在草丛里的猎物。

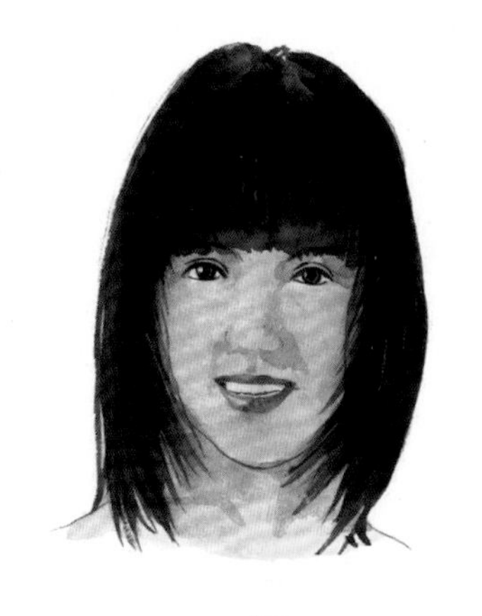

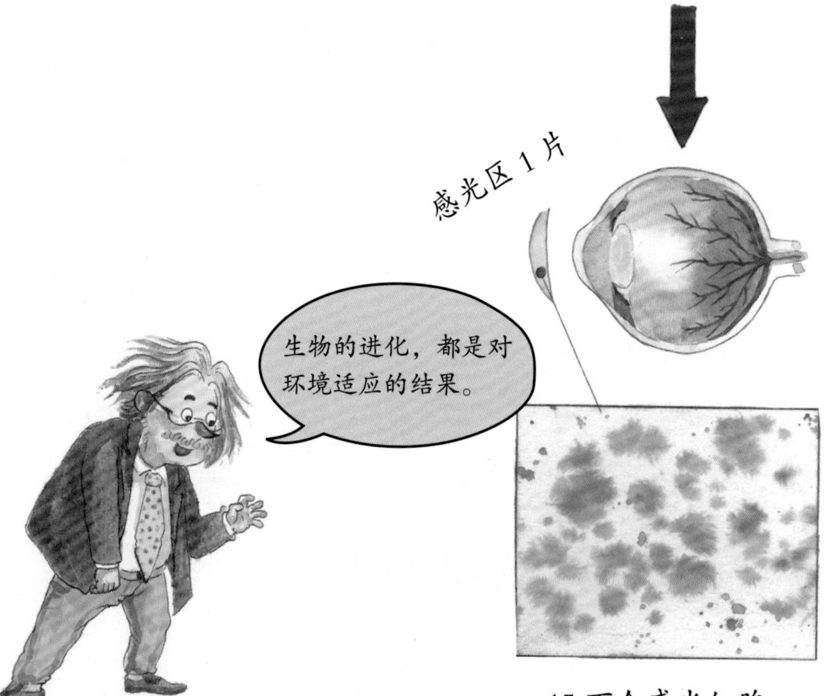
感光区 1 片
生物的进化，都是对环境适应的结果。

15 万个感光细胞

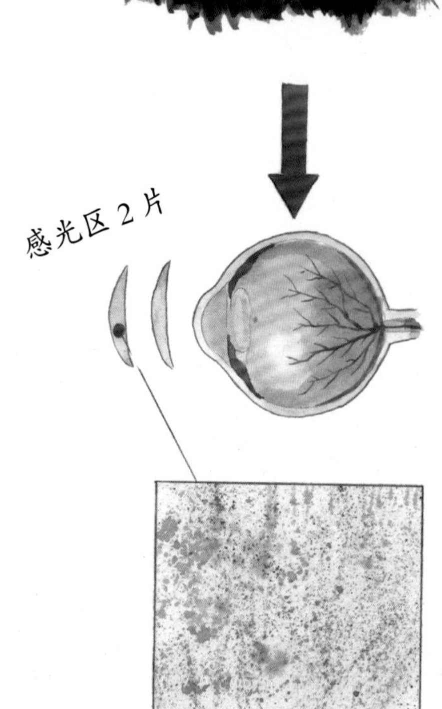
感光区 2 片

100 万个感光细胞

鹰眼真的是太厉害了！

秘密在于它们拥有一双超高“像素”的眼睛。科学家对比了鹰和人类的眼睛构造，发现在鹰的视网膜上，视觉感光区域比人类的多，它们拥有两片视觉感光区，而人类只有一片。而在这些视觉感光区上，鹰眼每平方毫米拥有 100 万个感光细胞，人眼却只有 15 万个。

第4节 超级歌唱家

天生的歌唱家

元宇宙图书时代已到来
快来加入XR科学世界！
见此图标 微信扫码
在动物界里，鸟类的声音是最动听的！
古诗中，有很多是赞美鸟鸣声的！像欧阳修的“百啭千声随意移，山花红紫树高低”。

嘤嘤、喈喈、啾啾、嘤嘤、叽叽、喳喳、咕咕……中国的语言里有那么多的拟声词，但它们却不足以描绘出鸟儿们的歌声。

百灵鸟的鸣唱，画眉的歌声，金眶鸻的欢叫，金丝雀的低语，鹦鹉的学舌……绝大多数的鸟儿，生来擅长发音，天生就是歌唱家。它们发出的美妙鸣唱，是地球生命交响乐中最悦耳的和声。

▶千里觅食

夏天，企鹅宝宝出生了，企鹅爸爸和企鹅妈妈轮流守候着它，并交替着入海捕鱼。捕鱼的旅程一般很长，路上危险重重。稍有不慎，它们便可能成为别人的猎物。

填饱自己的肚子后，它们把食物存储在嗉囊中游回岸边，逆着波浪跃上沙滩，向家迈进。经过数周的跋涉，它们终于找到了自己的伴侣和宝贝。

鸟类一般都会由父母共同来抚养孩子！
企鹅还真是挺辛苦的！

企鹅寻亲的秘密

企鹅是如何在数万只相同的企鹅中找到自己伴侣和孩子的呢？它们不能像鹰一样飞起来察看、寻找，也不可能是凭记忆找回原来的位置，因为企鹅的位置并不是固定的。即使是我们人类，不借助工具的话，也很难在几万人中轻易找到自己的亲人。

在一堆叽叽喳喳叫的企鹅里，怎么可能听得出是谁发出的声音？

那么，它们如何在如此嘈杂的环境中找到自己的伴侣和孩子呢？秘密就在于声音。每只企鹅的鸣叫声都是不同的，同时它们具有极其敏锐的分辨力，能够在数万只企鹅的合唱中，分辨、寻找到自己的伴侣和孩子的声音，进而找到它们。

杜鹃特殊的生存方式

杜鹃是著名的“骗子”“强盗”。它趁苇莺不在家的时候闯入它的巢穴，将自己的后代放入巢穴中冒名顶替。苇莺“夫妇”回家后，对发生的事情一无所知，它们傻傻地喂养着个头变大了许多、食量惊人的“义子”。

这只是生物的生存方式之一！
杜鹃真是太可恶了！

▶ 声音的奇怪魔力

斑姬鹟“夫妇”正抚养着7个宝宝，为了实验，科学家带走了其中的6个。斑姬鹟“夫妇”喂食的次数和量明显减少了。科学家悄悄把6个宝宝带到巢穴的附近，让它们的鸣叫声能够传到巢穴里，但又不被斑姬鹟“夫妇”看见。这时候，令人惊奇的事发生了，斑姬鹟“夫妇”明显地增加了喂食的次数。7个宝宝的叫声，刺激着它们对仅剩的那个宝宝反复做出喂食的动作。

鸟儿不会数数吗？
这就说明声音在信息的传递里对鸟类有多重要！
拿走6只幼鸟
竟然这么受声音左右！
食量减少

成年的鸟类有时也会发出乞食声，例如大山雀。大山雀“夫妇”中留在家里保护宝宝的那一位，不时也会用乞食声催促自己的另一半。

蛋也会鸣叫

鸟类生育后代时，通常一窝能产数只卵。奇怪的是，虽然产卵时间有先后，孵化时又不可能每颗蛋的条件绝对一致，但每一窝蛋里的宝宝通常总能在同一时间被孵出来，个体之间相隔的时间很短，好像它们事先约定好了似的。

原来它们还没生出来时就会动啦！

当然了，准确地说，生命是在你出生之前就开始的！

鸟宝宝在蛋壳内成长到一定程度后，就会开始小声鸣唱。它的兄弟姐妹能听到彼此的歌声，这个声音催促着它们成长、发育，召唤着它们去啄壳、见面。

例如，银鸥的胚胎在孵化后期就能够发出声音，而其他的胚胎在听到声音后，又能够做出明显的回应。山齿鹑的宝宝也能在孵化到第20天时发出“叽叽”声。

空袭警报

一些鸟类的报警声十分复杂，可以在不同情形下使用不同的叫声。在发现巢穴附近有危险及选择逃跑时，会发出不同的报警声，向同伴传递不同的信号。

尽管是报警声，但人类听起来，仍然是悦耳的！
不出声、躲起来不是更好？

▶有声的“战争”

很多爬行动物靠体味向同类宣示自己的地盘和主权，因为陆地上生存的空间有限，同类之间往往存在激烈的竞争。比起它们，鸟儿间的战争似乎更文明、更高效。它们利用鸣唱来宣示自己的地盘，来规范彼此间的秩序。

生物就是在竞争之中优胜劣汰的嘛！

科学家移走树枝上的大山雀，把播放器放入巢内，持续地播放雄性大山雀宣示主权的声音。他们发现，在这种情况下，尽管鸟去巢空，却没有其他大山雀试图侵入这片地盘。而一旦停止播放声音，它的巢穴则很快会被其他同类占据。

▶ 罗曼曲

鸟类的鸣唱中，最悦耳动听的部分是爱的歌声。雄鸟用清脆美妙的鸣叫声吸引雌鸟的注意，争取雌鸟的认可。在组建家庭后，又会持续地通过鸣叫声来维持双方的关系。

鸟类最动听的叫声，就是求偶的声音！
没想到，小鸟竟然有这么丰富的感情！

在繁殖的季节，雄鸟站在枝头上，交替唱着两种不同的“歌曲”。一种威武雄壮，在告知其他雄鸟“此处是我的领地，请勿入侵”；一种温婉曼妙，则是告诉雌鸟们“欢迎你的到来”。

一些善于鸣唱的雌鸟，在听到雄鸟的歌声后，也会以相应的鸣叫声做出应答，进行二重唱。

第5节 不知疲倦的旅客

踏遍全球

鸟类对地球有比人类更深刻的认识，我们到 15 世纪末才开始大航海时代，19 世纪人类才逐渐走遍地球的每一个角落，而鸟类几千万年前便已踏遍全球。

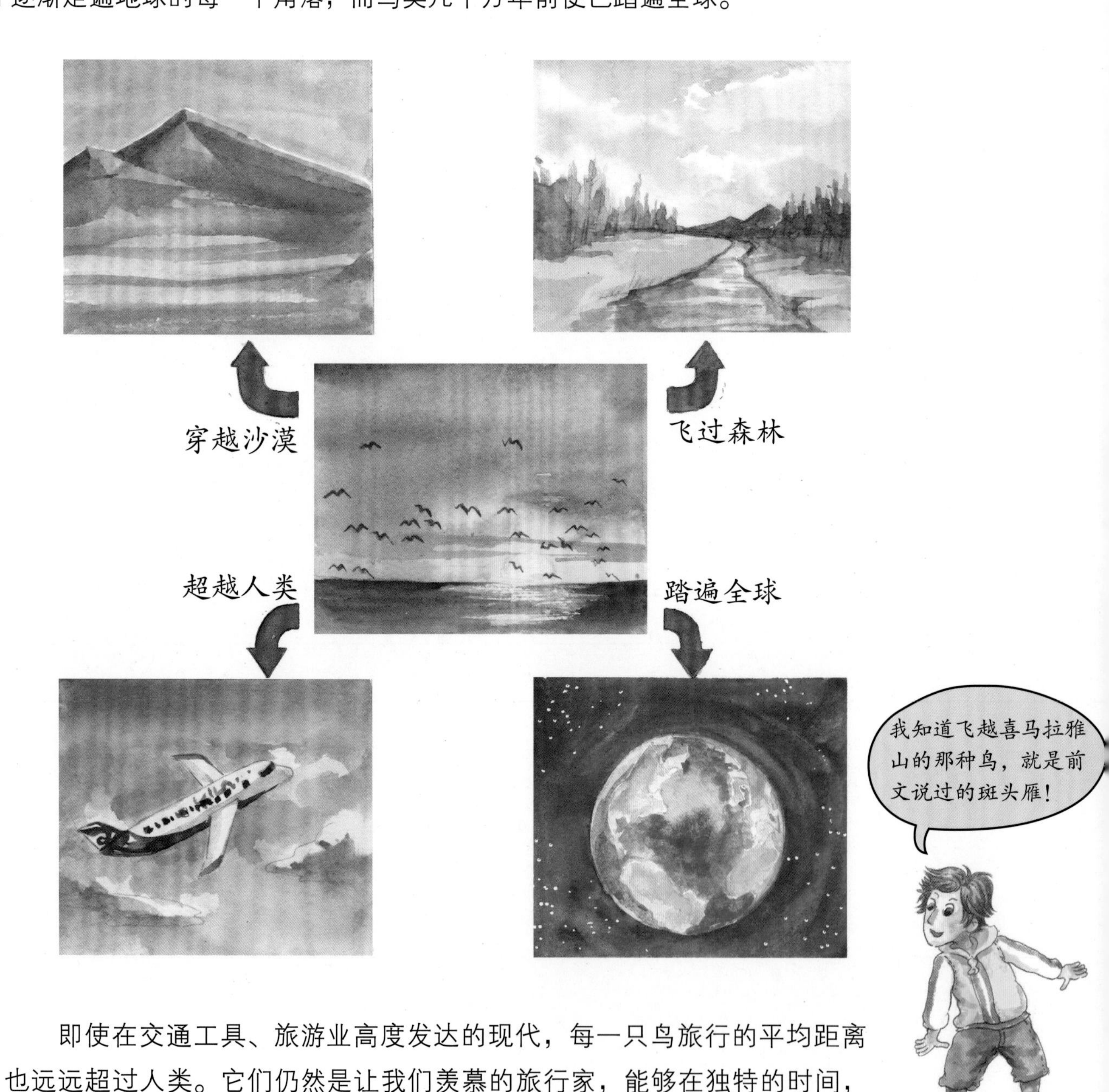
穿越沙漠
飞过森林
超越人类
踏遍全球
我知道飞越喜马拉雅山的那种鸟，就是前文说过的斑头雁！

即使在交通工具、旅游业高度发达的现代，每一只鸟旅行的平均距离也远远超过人类。它们仍然是让我们羡慕的旅行家，能够在独特的时间，以独特的角度，看到地球、星辰、宇宙最独特的样子。

▶8 条迁徙线

鸟类迁徙是为了在特定季节里，找到一个更适宜居住的地方。在方向上，有沿南北方向迁徙的，也有沿东西方向迁徙的，甚至部分鸟类只是单纯地改变居住地的高度，例如从山下迁到山上。大部分鸟类迁徙总是集体行动，经过世代的累积，形成特定的迁徙路线。地球上有 8 条主要的候鸟旅行线路，它们是：

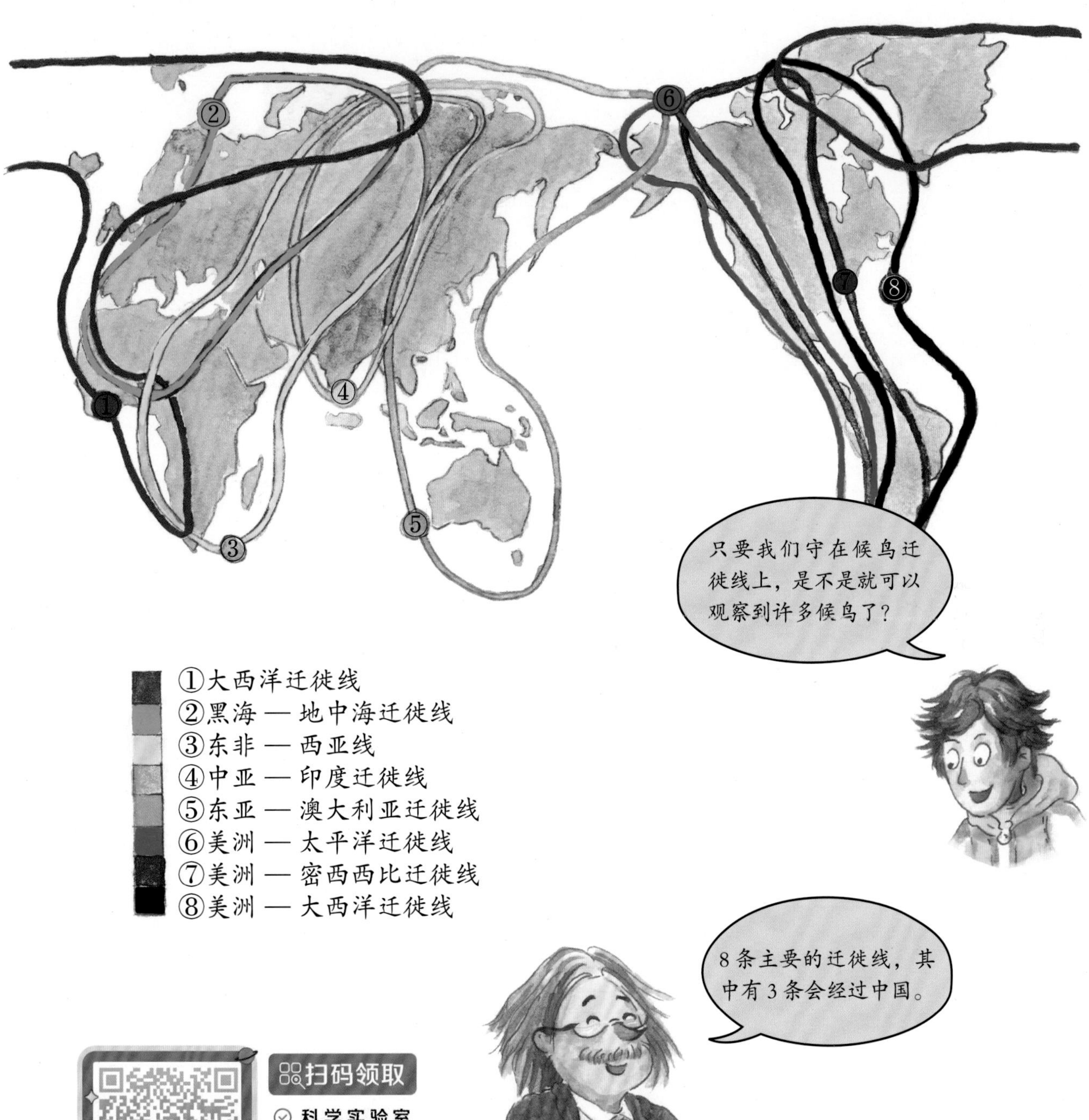
①大西洋迁徙线
②黑海 — 地中海迁徙线
③东非 — 西亚线
④中亚 — 印度迁徙线
⑤东亚 — 澳大利亚迁徙线
⑥美洲 — 太平洋迁徙线
⑦美洲 — 密西西比迁徙线
⑧美洲 — 大西洋迁徙线
只要我们守在候鸟迁徙线上，是不是就可以观察到许多候鸟了？
8 条主要的迁徙线，其中有 3 条会经过中国。

▶ 飞机都望尘莫及

鸟类迁徙的路程极其漫长。一路上，它们要经历无数危险，战胜重重困难。它们要有极其坚韧的毅力，要有极其出色的体力和勇气。它们不能掉队，不能迷路，不能被高空中的气流冲散……这段旅程真令我们惊讶、赞叹。

真笨，坐飞机就能比它们飞得远啦！
北极燕鸥迁徙一次的距离，就够我跑步跑一辈子了！

绿头鸭的迁徙距离是 900 千米；游隼的迁徙距离是 1 600 千米，历时 21 天完成；红腹滨鹬的迁徙距离是 5 600 多千米，这相当于从中国的最北方飞到中国最南端的南沙群岛；我们熟悉的家燕能飞 8 000 多千米；北极燕鸥迁徙时，更是历时 114 天，惊人地完成 14 000 千米的旅程。这样惊人的航程，人类即使发明飞机以后，很长一段时间都望尘莫及。

鸟类迁徙时，要经过如此遥远的旅途，也许要跨越半个地球。我们知道它们没上过地理课，也没有用 GPS（全球定位系统）来导航和定位方向，然而它们极少迷路。这件事真令我们着迷，它们是如何辨识方向的？如何找到目的地的？

地磁场是什么？我们身边就有地磁场吗？
N
S
我的手表，不会被地磁场吸走吧？
当然有了！地球就像一块大磁铁，我们就生活在磁铁上。

答案之一是它们能够感应到地磁场，利用地磁场来调整自己的方向，这和我们在航海时使用指南针的原理是一样的。有人做过实验，在信鸽头部加上一块小磁铁，结果这只信鸽一到阴天时，就会迷失方向。如果巧妙地设计好磁铁的方向，则信鸽飞行的方向会发生相应方向的偏转。

另有观察表明，当候鸟经过地磁场强度大的区域——例如铁矿山时，它们会受到强烈的干扰，或迷失方向，或焦躁不安，或降低高度……种种迹象表明，鸟类拥有人类不具备的感应地磁场的能力。

这种能力实在是太酷了，因为地球的磁场无处不在，所以鸟类无须像人类用 GPS 导航那样，担心基站建设不足而存在信号不畅和流量不足的问题。

▶ 太阳定位

被装上磁铁的鸽子，一到阴天时就会迷失方向，那么晴天的时候呢？答案是不会。因为地磁定位只是鸟类使用的定位方式之一，通常在阴天时使用。晴天时，鸟类首选使用太阳定位。太阳东升西落，不同季节、不同时间位于天空中的不同方位，鸟类似乎和我们一样懂得这个道理。它们能够借助太阳的位置来确认自己飞行的方向是否正确。

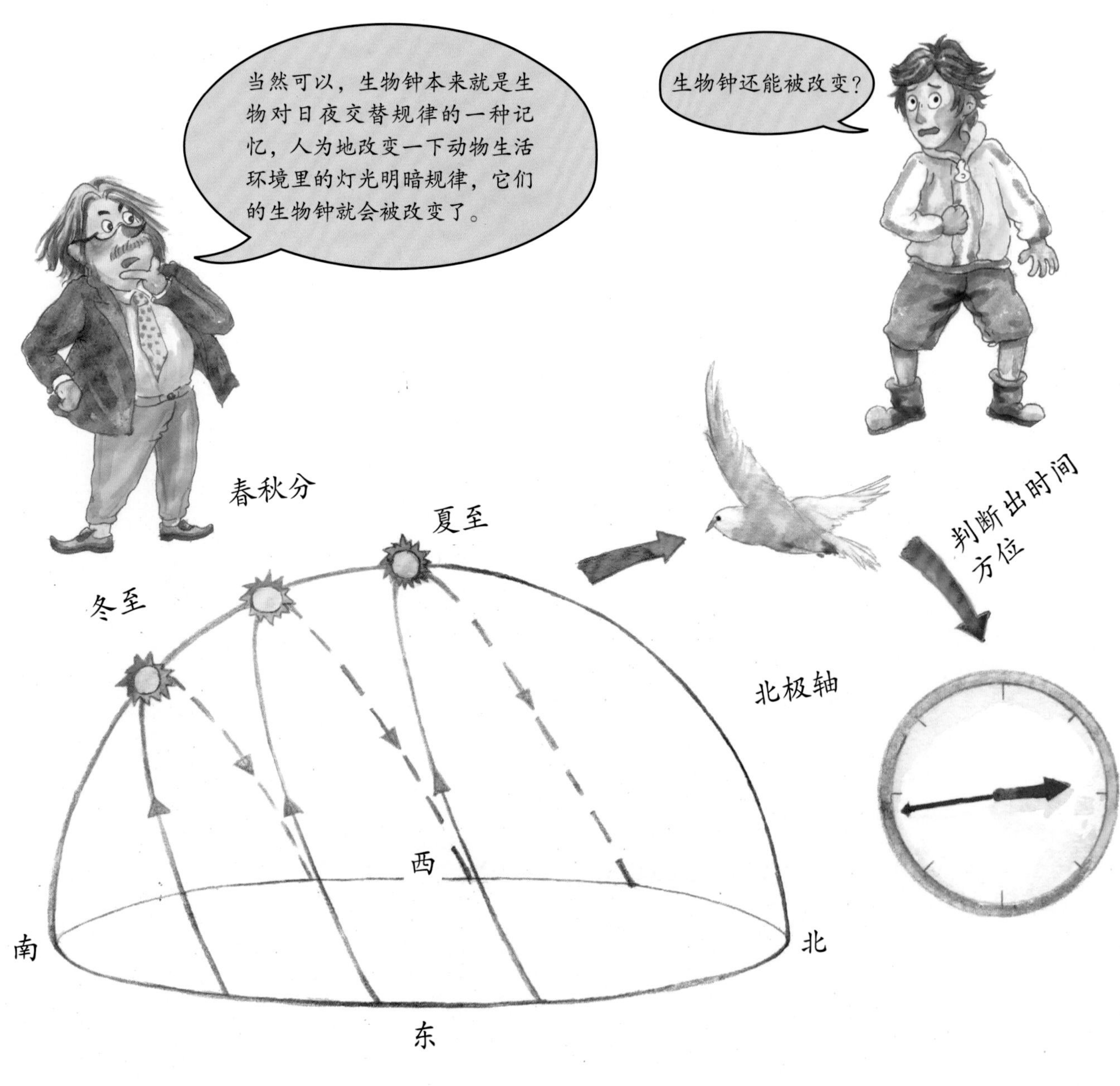

生物钟还能被改变？
当然可以，生物钟本来就是生物对日夜交替规律的一种记忆，人为地改变一下动物生活环境里的灯光明暗规律，它们的生物钟就会被改变了。
春秋分
夏至
冬至
判断出时间方位
北极轴
西
南
北
东

日出日落图解

更令人惊奇的是，它们心里似乎也存在时钟。科学家曾尝试打乱它们的生物钟，以人工控制明暗的方法将它的生物钟向前调 6 个小时。结果发现，它们在晴天时，对方向的认知偏转了 90° 。

▶ 星辰引路

夜间航海时，北极星是天然的灯塔，对鸟类而言同样如此。它们不仅能感应地磁场，能辨识太阳的方位，甚至能够识别不同星座的形状，借助这些星座的位置来实现定向。这是鸟类视力与智力配合运用的一个绝佳例子。

科学家把靛蓝彩鹀置于天文馆的人造星空下，发现靛蓝彩鹀飞翔时，在方向选择上与惟妙惟肖的人造星空存在着特定联系：人造星空偏移 70° ，它们随之偏移 70° ；人造星空被关闭，它们随之出现混乱、迷茫。

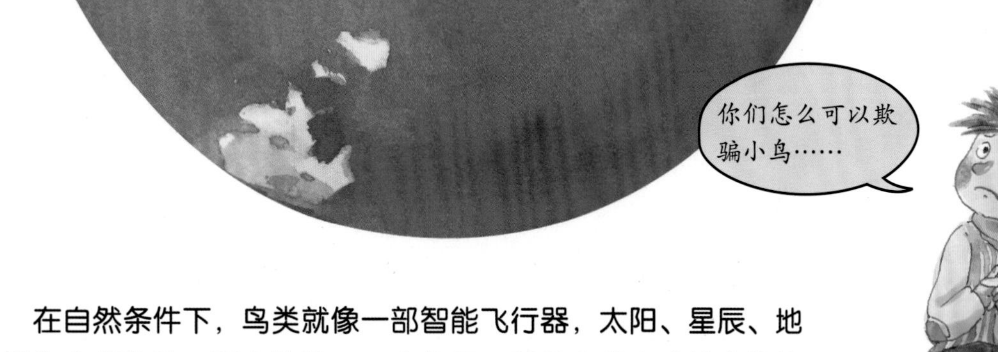
偏移 70°
星空的位置也是相对固定的，因此，鸟类借助它们定位方向。
卫星
偏移 70°
你们怎么可以欺骗小鸟……

在自然条件下，鸟类就像一部智能飞行器，太阳、星辰、地磁场为它们构建一张立体的 GPS 定位网，帮助它们完成惊人的旅程，准确无误地飞往目的地。

▶ 地标记忆

山脉、湖泊、河流、沙漠、海岸线……陆地上的特殊标志物，同样存留在鸟类的记忆中。和司机的脑海中那张无形的地图一样，鸟类对它们经年累月路过的地方也有熟悉的记忆，这些记忆甚至能够通过 DNA 留给下一代。

原来动物对建筑也有记忆能力！
当然了，很多动物都能认识主人的家，这很正常嘛。

长城

海岸线

沼泽地

北美的憨鲣鸟在旅行中，总是习惯于先寻找大西洋海岸线，沿着海岸线飞行，寻找它们的栖息地。熟悉的路线能够加快它们的飞行速度，降低失误率。春往秋来，鸟类熙熙攘攘、不知疲倦地投身于旅途中。我们无须担心它们会在漫长的旅途中迷失方向，因为鸟类是如此聪慧，它们的能力超出了我们的想象。

▶ 吃成胖子

肥胖对于现代人而言是一件可怕的事情。过量的脂肪是身体的负担，且容易导致疾病。

这就是为什么在食物匮乏的年代，人们会以胖为美了。
原来脂肪是用来存储能量的啊。

冬眠中的动物能够坚持数月时间不吃不喝，北极熊甚至能在冬眠期给幼熊哺乳，在食物缺少的时期，它们依靠身上储存的脂肪来提供能量。候鸟迁徙时，途经的地点可能无法提供食物，甚至无法停留（例如海洋），它们必须拥有超强的续航能力，必须能够保持数日，甚至十多天滴水不进，持续飞行。

▶迅速减重

雀类的体脂含量是 5%，迁徙前，却能够达到 25%~70%，长刺歌雀迁徙前体脂含量可以达到 50%。真是奇怪，它们竟仍飞得起来。

我把自己吃成胖子，
然后是不是也可以
很多天不用吃饭？
体脂
下降
40%
阿拉斯加
夏威夷群岛
出发前
174克
到达后
154克

刺嘴莺在飞越撒哈拉大沙漠后，体脂会减少 40% 左右。翻石鹬从阿拉斯加飞到夏威夷，短短 4 天时间里，体重由 174 克降为 154 克，减重约 11%。对鸟类而言，脂肪就像是手机中的锂电池，需要时充满，使用时消耗。

等待的盛宴

北半球的春天到来时，红腹滨鹬从阿根廷出发，准备返回它们的夏季栖息地——加拿大。它们的旅程有 16 000 千米，当它们到达美国东海岸的特拉华湾时，它们已经饥肠辘辘。还好，这里有一场盛宴在等待着它们。

候鸟会选择在一个固定的地方休息、进食，这就是候鸟驿站。
原来只要温度适中，卵就会自动孵化，不用鲎妈妈帮忙也行！

春天的阳光让大西洋海岸的沙滩逐渐温暖起来，它是天然的抚育温床。从 2.5 亿年前开始，鲎便将这片沙滩当作它们天然的育婴地。

沙滩会持续变暖，自动帮它们完成孵卵的工作。某天早晨，成千上万只小鲎会像变魔法一样，从温热的沙子中钻出，爬向大海。

▶ 吃掉 40 万颗卵

对于红腹滨鹬来说，这片沙滩是它们重要的补给地。能不能在这里获得充足的食物，是它们能否完成迁徙全程的关键。每一只红腹滨鹬要在数周时间内吃掉 40 万颗卵，使自己的体重增加 1 倍，重新变成胖子，才能够继续进行它们的旅程。

连吃 40 万颗卵，它们胃口真不小！
吃掉 40 万颗卵后
变胖
重新起飞

它们一刻也不敢耽搁，要尽快完成这场盛宴，同时还要防备其他猛禽的袭击。

许多鸟类像红腹滨鹬一样，迁徙的途中，在特定地点进食、休养，补足体力后，重新上路。

▶ 从冰河时代开始

鸟类为何冒如此大的风险，耗费如此多的精力不停地进行迁徙？它们为何不一直栖息在一个适于生存的地方？人们做过很多研究、猜想，提出很多理论，其中最为人们所接受的合理解释，是冰河时代的影响。

6500万年前，恐龙灭绝之后的时代，我们称为新生代。258万年前，地球再次进入了冰川时代。

自北向南
秋分时期
我知道冰川时代，历史上地球已经经历过许多冰河期了！
宇宙和地球一样，也有四季。温度有时很高，有时很低。
自南向北
春分时期

北方的天气极度寒冷，缺少食物，鸟类的生存受到威胁，迫使它们向南迁徙。北半球的夏天到来时，南半球又进入冬季，于是鸟类再度迁回北半球。每年周而复始，逐渐变成一种习惯延续下来。

遗传因素

迁徙增强了鸟类的适应能力，使它们得到更多资源，在物种的生存竞争中获得更多优势。鸟类的很多能力——强悍的飞行能力、辨识方位的能力、坚韧的意志，都是在迁徙中不断得到强化的。这些优良的基因沉积下来，传递给它们的下一代。

它们迁徙一次真的好辛苦啊！

秋

即使将黑顶林莺的幼雏交给其他不迁徙的鸟类抚养，每当迁徙季节到来时，长大后的幼雏大部分仍会凭借本能，在秋季飞往同类的越冬地。除非它们的生活环境持续几代发生重大的变化，否则它们仍将拥有这些本能。

春

第6节 千奇百怪的猎食方式

▶ 胡兀鹫的砧板

还记得居住在瑟门山的胡兀鹫吗？5 000 米高空中的“弄潮儿”。在荒芜的瑟门山上，食物是稀缺品，每当有猎物落入捕食者口中，总会有数种猛禽聚拢过来，根据各自体形的大小，分走一杯羹。

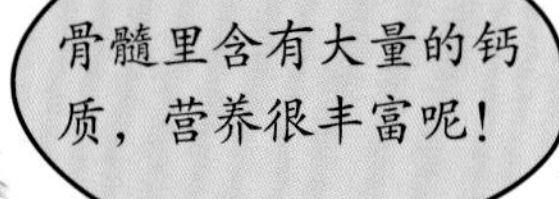
骨髓里含有大量的钙质，营养很丰富呢！

扫码领取

胡兀鹫叼着骨头，向高空中飞去，越来越高，越来越高……直到完全变成一个黑点。突然，它俯身向下冲，带着那块骨头，像离弦的箭一般！就在它接近岩石的时候，它突然松开那块骨头，让它猛地砸在岩石上，摔得粉碎。然后，它落下来，慢慢品尝鲜美的骨髓。原来它是将岩石当作了砧板。

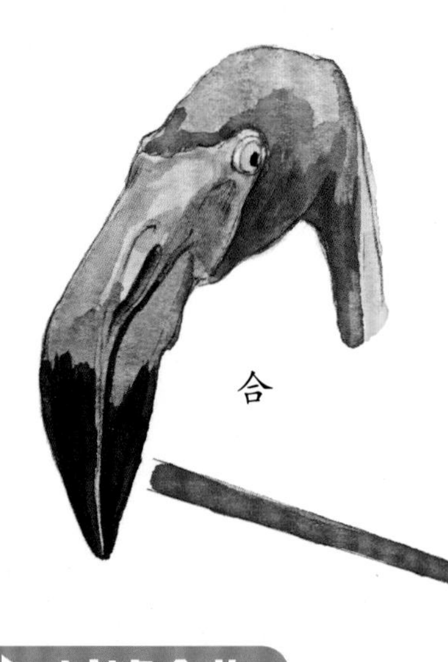
合

开

有些动物需要花费大量时间来进食，才能维持身体需要的能量，所以进食的速度也很重要。

▶过滤食物

火烈鸟长着红色的羽毛，成千上万只火烈鸟聚在一起时，就像水面上燃烧着一大片火焰。

火烈鸟的喙里面有一张“网”，有点像是鲸鱼的须，这张“网”能够帮它们过滤吃到嘴中的食物，需要的留下来，不需要的过滤出去。它们进食的时候，只需要低下长长的脖子，将喙泡到水里，尽情往里吸就可以了。

我以后再也不吃虾了，我不想变成红色！

这种“吃饭”方法倒是很方便！

火烈鸟的羽毛原本是洁白的。在漫长的时间里，它们的饮食习惯，渐渐改变了它们羽毛的颜色。它们以小型浮游生物为食，这些浮游生物的体内含有很多虾青素，虾青素吃得多了，羽毛的颜色就变成了红色。

▶ 空中强盗

小多巴哥岛的悬崖边上，居住着红嘴热带鸟。和企鹅一样，红嘴热带鸟“夫妇”轮流到海上捕鱼虾，它们将食物存储在嗉囊中，带回巢后喂养自己的宝宝。然而，对它们而言，比捕鱼虾更困难的，是如何安全地把食物带回家里。

我知道，西沙群岛那里也有红嘴热带鸟。
红嘴热带鸟，又叫短尾热带鸟、红嘴鹲。

军舰鸟的翼展很长。当它们张开翅膀出现在高空中时，就像是准备进行空袭的战斗机，引得其他海鸟一阵惊慌。

▶ 劫掠为生

军舰鸟的体形比红嘴热带鸟大出许多，红嘴热带鸟只能利用灵活的身体，在空中急速转弯，闪躲腾挪。军舰鸟加快速度，张嘴猛咬，红嘴热带鸟飞高蹿低，奋力躲避。一旦被军舰鸟咬住，就很难摆脱了。那时候，它们只好被迫吐出嗉囊中的食物，让军舰鸟不劳而获。红嘴热带鸟必须贴近海面飞行，才有逃脱的机会，因为军舰鸟的翅膀油性不够，不敢过于贴近海面飞行。

你们别解说了，
快把强盗赶跑！

自然界里，大多数生物都有自己的天敌。

挑刺高手

食蜂鸟的喙尖且长，以昆虫为食。顾名思义，蜂是它们的主要食物，不论是蜜蜂，还是黄蜂，都不放过。众所周知，蜂体内长有毒刺，刺上有倒钩。在生死关头蜂会将毒刺扎入敌人体内，可以造成伤害。

黄蜂竟然也能被吃掉！

食蜂鸟是如何避开毒刺的呢？食蜂鸟独有一种挑刺的本领，可以利用长喙将蜂叼住，在树枝上猛摔，将刺摔出来，然后再把蜂吞入肚子里。它们捕捉蜂类时眼明嘴快，挑刺的手法干净利落。

要是吃鱼也能这么方便就好了！

第7节 鸟类中的怪咖们

▶ 鸟中木乃伊

交嘴鸟只比麻雀大一点儿，它们的嘴巴像一把天然的钳子，上喙和下喙交叠。它们主要以松子为食，能够轻易地将坚硬的喙部插入松果的鳞片中，撬开松果，啄出一颗颗松子。

物种的数量在经历膨胀后，常常会因为食物缺乏而重新减少，以维持自然的平衡。

交嘴鸟种群的数量，时常呈现波浪形变化：在球果丰收的年份，它们的数量大为增加；翌年，数目大增的交嘴鸟往往很难找到充足的食物，只好集体流徙到别处，导致很多幼鸟得不到抚育，留下大量的“木乃伊”。

咬……咬……我的牙齿也很有力!

食用大量的球果，使得它们体内含有过多防腐的树脂。它们死去以后，身体很久都不会腐烂，也不会散发出腐臭的味道，就像是天然的木乃伊。

▶鸟中的偷袭者

海面上，鲣鸟张开翅膀急速向水面轰击。它们能击晕浅水的鱼儿，还能借助轰击的冲力，潜入深水，搜寻猎物。

一队大白鹈鹕从海面上飞过，它们张开巨大的翅膀，排成“V”字形，从空中滑翔而过，对忙忙碌碌的鲣鸟似乎视而不见。

大白鹈鹕块头壮硕，每一只体重都在 10 千克以上，领头的鹈鹕尤为强壮。它不怀好意地向鲣鸟瞥了一眼，便向岛上飞去。它们的嘴巴极为巨大，下喙是一层软膜，看上去十分贪婪。

鹈鹕降落在鲣鸟的巢穴旁。成片成片的小鲣鸟叽叽喳喳地叫着，正饥肠辘辘地等待着父母的归来。鹈鹕凑过去，张开贪婪的大嘴，将一只小鲣鸟吞入口中。

小鲣鸟要是能像孙悟空一样会变身就好了！

鲣鸟群一片混乱，留守在巢穴内的成年鲣鸟连忙围成一圈，护住小鲣鸟。小鲣鸟慌乱地四散逃窜。偷袭者继续作恶，将散落在旁边的小鲣鸟一只只吞下，直到它们巨大的“下巴”再也装不下食物了，才列好队形，原路返回。因为鹈鹕的幼雏，在不远处的另一座小岛上，和小鲣鸟一样，饥肠辘辘地等待着父母的归来。

第8节 极限舞蹈家

▶ 扇子舞

在鸟类中，舞蹈高手往往是雄性，它们似乎天生担负着跳舞的重任，以出色的舞姿和漂亮的羽毛来赢取潜在伴侣的认同。

这两片扇子，天气热了也可以让自己凉快一下吧！

秘鲁安第斯山脉的密林里，有一位造型很特别的“舞蹈演员”，此刻正专注于一场演出。它长着一个蓝莹莹的脑袋，细长的嘴。最引人注目的是两片尾羽，它们又弯又长，末端上还有圆圆的“扇子”。它的名字叫叉扇尾蜂鸟。

羽毛是鸟类至关重要的部分，因此，它们在求偶舞蹈中，总是尽力去展示自己的羽毛。

扇子舞表演开始了：它先在枝头上把两片扇子摇起来，然后双足腾空，高高扬起扇子，用极其优美的姿态晃动着，尽情展示着自己奔放的热情。

▶ 波浪舞

白尾鹞是一种中型猛禽，也是飞行高手。它们擅长低空飞行，时常贴着地面，举起两翅，呈“V”字形向前滑翔，搜索着鼠、蛙、蜥蜴……它们滑行的线路极其平整、优美，就像一条直线。

求偶的季节到来时，雄性白尾鹞会跳起“波浪舞”。它们像此起彼伏的海浪一样，沿着一条正弦曲线上下飞行，以此来吸引雌鸟的注意。有时还会直接对雌鸟发起舞蹈的邀请——用一个佯装攻击的动作来展示自己的魅力。

这和蝴蝶很像哦！
鸟类和能够飞行的昆虫都必须向配偶证明自己出色的飞翔能力。

当雌鸟对舞者表示认同时，就会把独舞变成对舞，相互保持着特定距离，上下不停地飞舞。它们一时好像忘了世上的其他事情，全神贯注到这场舞蹈之中。

▶ 芭蕾舞

极乐鸟来自新几内亚。西班牙人第一次把它带到欧洲时，欧洲人惊讶于它的美丽，认为它们“必然是来自天堂”，因此，又将它们称为天堂鸟。

天堂鸟以水果、花蜜为食，再加上一些节肢动物。在它生活的环境里，食物非常充足。
这种鸟真漂亮！

它们身处食物丰富的地区，是少有的无须为生存困扰的鸟类。它们毛色漂亮，十分爱干净。当它们选好一块空地，准备开始“芭蕾舞”表演之前，会先仔细地将地上的树枝、杂物清理干净，把“舞台”打扫一番。

之后它们张开翅膀，撑出芭蕾舞裙的形状，然后踮起脚尖，踏步、旋转、蹬脚，左走三步，右走三步……极尽优雅之能事。

▶ 哇哦，踢踏舞

极乐鸟的亲戚——华美极乐鸟也是“舞蹈名家”，但它比极乐鸟更精细一些，舞蹈也更霸气。舞蹈之前，极乐鸟总是忙于布置、清扫舞蹈场地，有时忘了招揽观众。华美极乐鸟却会大肆宣传，它在林中大张着嘴，高声啼叫着，好像是在大喊：“哇哦！踢踏舞表演就要开始啦！”

先吸引观众，再开始表演，这样省事多了！
我要把这件事记录下来！
声音也是鸟类传达信号的重要方式嘛！

呐喊是有效的，观众很快进场了。它张开羽毛，变成一片椭圆形，同时在前方亮出漂亮的蓝色羽毛。然后双脚好像安上弹簧似的，开始有节奏地跳动起来。它一边跳动，一边悄悄地向雌鸟靠近，一边展示自己，一边悄悄地示爱。

▶ “肚皮”舞

雄性艾草松鸡在它的同类里块头极大，比雌性艾草松鸡几乎大出一倍。它身着“盛装”，尾部是一圈尖尖的羽毛，虽然灰灰的，但它自我感觉良好。

世界上竟然有不会飞的鸟。

最为显眼的是它身前巨大的、柔软的肚皮，大到使它们很难飞起来。这张花白的肚皮像气球一样，需要时可以鼓起气来，发出一阵“啾啾”声。这就是它们舞蹈的方式：迈着浮夸的脚步，有节奏地鼓一鼓肚皮，赛一赛谁的“啾啾”声更响亮。这好像是在说：“看，我的胸肌多结实！我的羽毛多棒！”

很多鸟类失去了飞行的能力，例如企鹅、鸵鸟等。

第9节 建筑大师

建筑天才

光是羽毛漂亮、叫声动听，以及会跳舞，并不足以证明自己的优秀，还必须能够筑出漂亮、坚固、安全的巢来，这是因为鸟类很重视对后代的抚育。对它们而言，筑巢是一项重要的技能。

鸟类到处迁徙，好不容易筑好的巢岂不是又要丢掉？

鸟类是天生的“建筑大师”，它们从大自然中选取材料，精工细作，耐心十足，筑出的巢在质量和造型上往往令我们人类都惊叹。

鸟类筑巢时用心的精细程度远超我们的想象，它们会考虑选址的安全性，会考虑外观是否美丽，是否足够隐蔽，甚至还会进行除菌、清洁，会实施空气清新工程……

不，它们能够准确地回到原地，找回自己的“老家”。

隐蔽与安全

安全是筑巢时第一件要考虑的事，因此，选址十分重要。

许多鸟类会将巢穴建在很高的地方，高高在上的巢穴可以保护它们的后代免受走兽的侵扰，让幼鸟能够平安地长大。大山雀的巢穴通常在 2~6 米，红尾伯劳的筑巢高度是 6~8 米，喜鹊习惯在 10 多米高的地方筑巢。

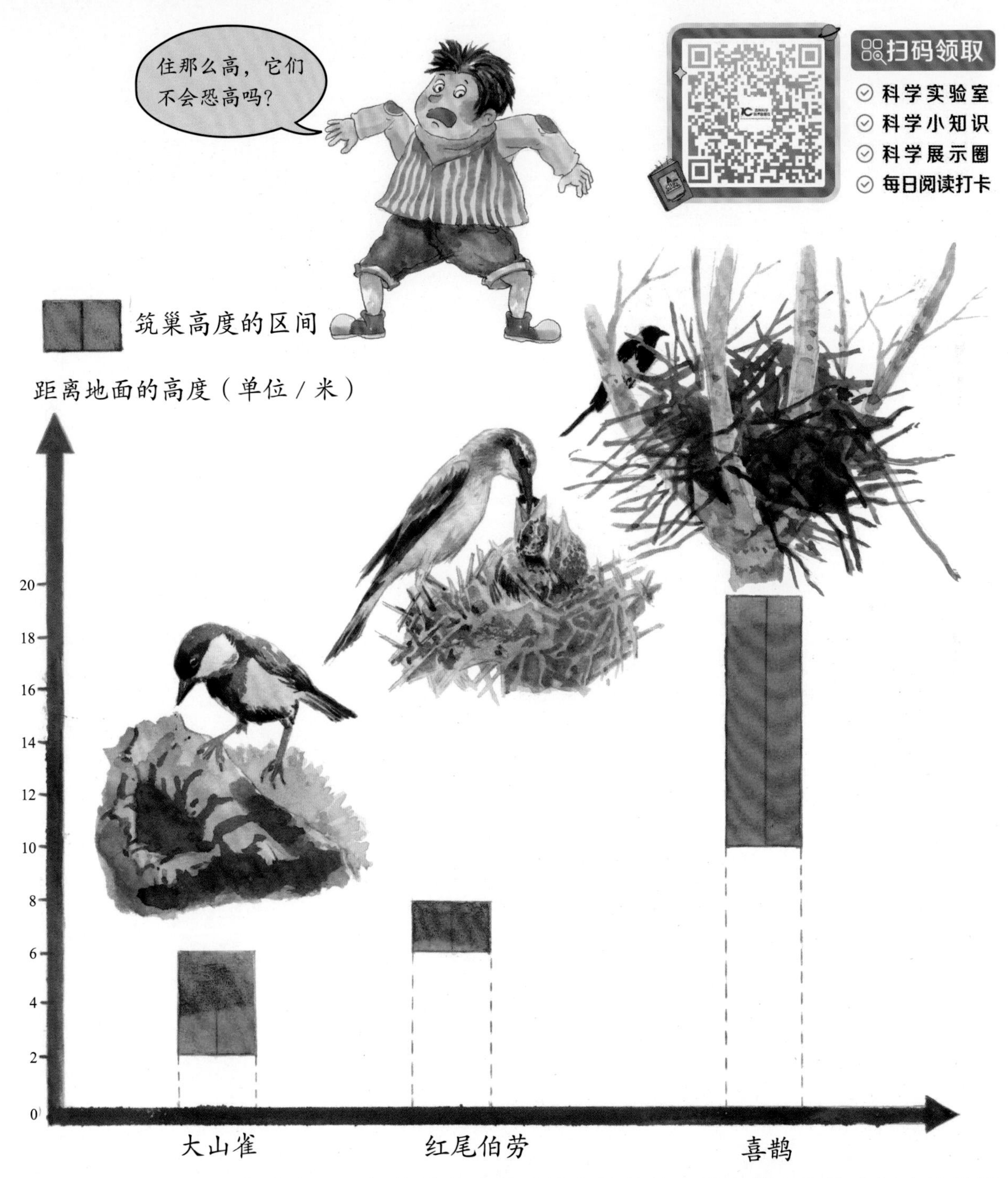
住那么高，它们不会恐高吗？
扫码领取
科学实验室
科学小知识
科学展示圈
每日阅读打卡
筑巢高度的区间
距离地面的高度（单位 / 米）
20
18
16
14
12
10
8
6
4
2
0
大山雀
红尾伯劳
喜鹊

一些鸟类不习惯在高处生活，便将巢穴隐藏于浓密的草丛、蔓生藤本植物或细小的缝隙中，让天敌不容易发现，也难以接近。例如，雨燕喜欢在较深的洞穴或是瀑布后面筑巢。

▶ 千奇百怪的筑巢材料

鸟类在筑巢时，选材的范围极广。它们擅长观察，总是能够物尽其用，挑选到最适合自己的材料，修建起最坚固的巢穴。

鸟类天生会筑巢吗？

树叶、树枝、草是最常见的建材，一些鸟类也将苔藓和地衣叼回去盖房子，例如蜂鸟科、鸦科、莺科、山雀科的鸟类。动物的羽毛、皮毛、骨骼，甚至是蛇蜕下来的皮，只要是形状适用的，都可能出现在它们的房子中。它们也不拒绝人工制品，纸、棉花、碎布，或是铁丝网，都能为它们温馨的家服务。

是的，它们从父母那里遗传到了这种能力。
我的帽子，也可以用来筑巢吧。

紫翅椋鸟常选择带有气味的植物作为建材，原来，这些植物带有挥发性化学物质，能够抑制巢内细菌的生长，是天然的清洁剂。

▶ 鸟巢中的豪宅

我们时常见到一窝小鸟围成一圈，挤在鸟巢里的情形。它们只有一个房间，既是育婴室，又是客厅，同时还充作餐厅，看起来有点简陋。

有瞭望室，最好还要有望远镜。
鸟类视力好，有时看得比望远镜更清楚。

锤头鹳的家就十分气派。它用树枝和泥土筑造出一个巨大的球状巢，这个巢的直径可以达到 2 米。巢内仔细地划分出数个房间，将之修成“三室一厅”的豪宅：一间是卵室，一间是幼鸟室，还有一间是专门用来侦察外界情况的瞭望室……

棕灶鸟同样在巢里修筑了多个房间，有的用来存放和孵化卵，有的紧挨着巢口，此外还有一条长长的通道，就像走廊一样。

▶ 用鲜花作装饰

褐色园丁鸟是一位模仿高手，它们歌声动听，还能模仿其他鸟类的鸣叫声。这种多才多艺的鸟儿，对自己的居所有很高的要求。它们会搭建出一个非常精致、安全的巢穴，搭好之后，再将鲜花、羽毛、真菌类植物叼回来，仔细地布置在巢穴的通道处，好像是一片小花园。

装扮
吸引雌鸟
搭配得还挺漂亮的。
不少鸟类具有模仿声音的能力，比如我们熟悉的鹦鹉。

它们布置得极其用心。搭好巢穴，布置完花园不久，“客人”就来了，雌性园丁鸟被吸引过来，参观起了房子。这时候，房子主人会叼着一些装饰物作为礼物，围着雌性园丁鸟翩翩起舞。

▶ 坚不可摧的城堡

鸟巢必须足够坚固。坚固的鸟巢不仅能给它们提供舒适的居住环境，更重要的是能帮助它们防御天敌，使幼鸟能够安全地成长。每一个鸟巢都是一座坚不可摧的城堡。

这得益于修筑时的极度用心。鸟类通常只能利用喙和脚进行筑巢工作，建材的搜寻通常又要耗费很长的时间，但它们有耐心，自外而内，由上向下，反复堆积、粘连、编织……每一个细节都极尽完美，每一个新的零件都被安置得恰到好处。

真厉害，光用这些枝叶，竟然可以修得这么坚固。
飞行能力、鸣叫声和筑巢的能力，是每只鸟所必修的三大课程。
好想把自己变小，躺在鸟巢里睡个午觉。

★鹦鹉为什么善于学人说话

这是因为鹦鹉的舌根很发达，舌尖细长、柔软、灵活，因此能够准确地模仿出它们听到的声音。尽管如此，鹦鹉并不明白自己所说的话的含义，它们只是被动地模仿而已。实际上，八哥、鹩哥……很多擅长鸣叫的鸟类都有这样的本领。

○鸡的肌肉为什么有红有白

因为鸡受到人类的驯化，逐渐适应不需飞行的低强度生活，同时身体内仍保持着祖先的飞行基因，因此，它们的肌肉有两种：一种是红肌，能够持久收缩，不易疲劳；一种是白肌，肌红蛋白较少，力量和持久度有限。

■鸡蛋为什么总是一头大一头小

这是因为鸡蛋在鸡的卵巢里形成后，要在子宫内停留约 20 个小时，然后才在子宫肌的收缩推送下，排出体外。在鸡蛋形成的过程中，鸡蛋受到上端输卵管的挤压，产生一定的形变，变得一头大一头小。

▲家鸭为什么不会孵蛋

鸭的祖先，是会自己孵蛋的。但鸭子被人类驯化后，却慢慢失去了孵蛋的本能。因为孵蛋需要很长的时间，人类为了获得更多的鸭蛋，总是不让它们“亲自上阵”，一般用母鸡或是人工取代。久而久之，鸭子就失去了孵蛋的记忆和本能。

◇为什么企鹅会生活在极寒之地

南极的气温常年低于 −20℃，地球上绝大多数生物都无法在这里生存，这里是另一种意义上的不毛之地。为什么企鹅选择在此居住？南极虽然气候恶劣且荒芜，但对企鹅却是有利的。首先，它们以鱼虾为生，在极地仍然可以找到食物。其次，其他生物难以在南极生存，这意味着它们能够远离大多数敌人，无须面对过分残酷的生存竞争。

◆鸟类为什么没有牙齿

飞行生活迫使鸟类减重，尽可能地减少体内的器官。牙齿作为重量较大的骨头，在进化的历程中，逐渐被“节省”掉了。没有牙齿的鸟类依靠砂囊来磨碎食物，因此，它们不时需要啄食一些沙子。

★丹顶鹤为何有“仙鹤”之称

这是因为丹顶鹤很长寿，一般可存活五六十年。同时，它们飞得很高，叫声又十分清脆、高亢、动听，很为人们所喜爱。在中国传统文化里，它们逐渐被视为“仙鹤”，是十分神秘、高贵的鸟。

○鸟为什么要换毛

鸟的羽毛在使用过程中会受到磨损，它们必须定期更换，才能够保证飞行不受影响，同时也能够持续保暖。换毛期间是鸟类最脆弱的时候，它们必须找到安全的地方躲藏起来，防止受到攻击。

▲猫头鹰为什么能够在夜间看清东西

猫头鹰是夜间猎手，夜晚视力极佳，这是因为它们的视网膜中有许多圆柱形的感光细胞，有极其灵敏的感光能力，夜晚也不受影响。